第十届中国花卉博览会

花卉景观配置集锦

杨娟 池坚 主编

中国林业出版社
CFPH China Forestry Publishing House

《第十届中国花卉博览会花卉景观配置集锦》

编委会

主　编：杨　娟　池　坚

副主编：王　琼　叶志琴

编　者：朱汉高　杨仕琦　张睿婧　姜文涛　陈祖春

张　宏　朱　彬　周　燕　沈军林　王军晓

饶子维　俞爱军　侯治宇　李春丹　徐　艳

审　稿：施季森

图书在版编目（CIP）数据

第十届中国花卉博览会花卉景观配置集锦 / 杨娟，池坚主编．-- 北京：中国林业出版社，2024.5

ISBN 978-7-5219-2637-8

Ⅰ．①第…　Ⅱ．①杨…　②池…　Ⅲ．①花卉－观赏园艺－中国　Ⅳ．① S68

中国国家版本馆 CIP 数据核字 (2024) 第 049323 号

责任编辑：张　华

装帧设计：朱麒霖

出版发行：中国林业出版社

（100009，北京市西城区刘海胡同 7 号，电话 010-83143566）

电子邮箱：43634711@qq.com

网址：https://www.cfph.net

印刷：北京博海升彩色印刷有限公司

版次：2024 年 5 月第 1 版

印次：2024 年 5 月第 1 次印刷

开本：710mm×1000mm 1/16

印张：10

字数：112 千字

定价：88.00 元

序

第十届中国花卉博览会（以下简称第十届花博会）于 2021 年 5 月 21 日至 7 月 2 日在上海崇明举办，是我国历届花卉博览会中展园规模最大（占地面积达 $10km^2$）、展期时间最长（为期 43 天）、获得社会一致好评的一届花卉博览会。第十届花博会围绕“花开中国梦”主题，建设了“一心、一轴、三区、六馆、六园”以及大面积的公共区域花卉景观，不仅集中展示了国内外花卉新品种、新技术、新装备、新理念；而且通过花与生活、花与文化、花与艺术、花与科技等主题，精心设计 300 多个极具创意和特色的花海、花带和花境，带来了令人流连忘返的绝美视觉盛宴和沉浸在花艺之美的心灵涤荡……

要衷心感谢第十届花博会的设计和建设者们，他们不仅为第十届花博会付出创意的智慧，建设、养护的辛劳汗水，把美景呈现于开园的瞬间，而且还十分有心地为大家精选永不消逝的光影美景，出版《第十届中国花卉博览会花卉景观配置集锦》一书，以飨读者。

也要借此机会，感谢本书编委会邀我审稿，十分荣幸能有机会先睹为快。也期许在未来的岁月中与广大读者一道，欣赏、品味第十届花博会的美景与芬芳，发扬光大我国历史悠久、积淀深厚的花艺术和花文化，为建设文明、富强的美丽中国添彩。

南京林业大学　施季森

2024 年 3 月 29 日

前 言

2021 年 5 月 21 日至 7 月 2 日，由国家林业和草原局、中国花卉协会、上海市人民政府联合主办，上海市绿化和市容管理局、上海市花卉协会、上海市崇明区人民政府共同承办的第十届中国花卉博览会（以下简称第十届花博会）在上海崇明岛顺利举行。

本届花卉博览会围绕“花开中国梦”主题，建设了“一心、一轴、三区、六馆、六园”以及大面积的公共区域花卉景观，成为历届花卉博览会中展园规模最大（占地面积达 10km^2）、展期时间最长（为期 43 天）的一届花卉博览会。

上海种业（集团）有限公司承担了第十届花博会园区林下花卉的布展与养护工作，根据花博会园区整体设计要求，围绕花与生活、花与文化、花与艺术、花与科技等主题，建设形成大小花境 311 个，花境施工总面积超过 5.6hm^2；设计形成朱顶红、百合、绣球等新优花卉品种展示专类园 10 个，充分展示了上海最新、最优的花卉品种。

本书主要介绍了第十届花博会园区公共区域的花卉景观配置，以花坛、花境、专类园为主，阐述了设计理念，展现其在第十届花博会中的景观应用效果。本书图文并茂，可读性强，可为上海市花卉景观的应用及推广品种的选择提供参考依据，也可为上海地区公园花卉景观的建设提供参考。

由于时间仓促，编者经验缺乏、水平有限，书中难免有错误之处，恳请读者批评指正!

编者

2023 年 12 月

目　录

第二章 花境 005

第一章 花坛

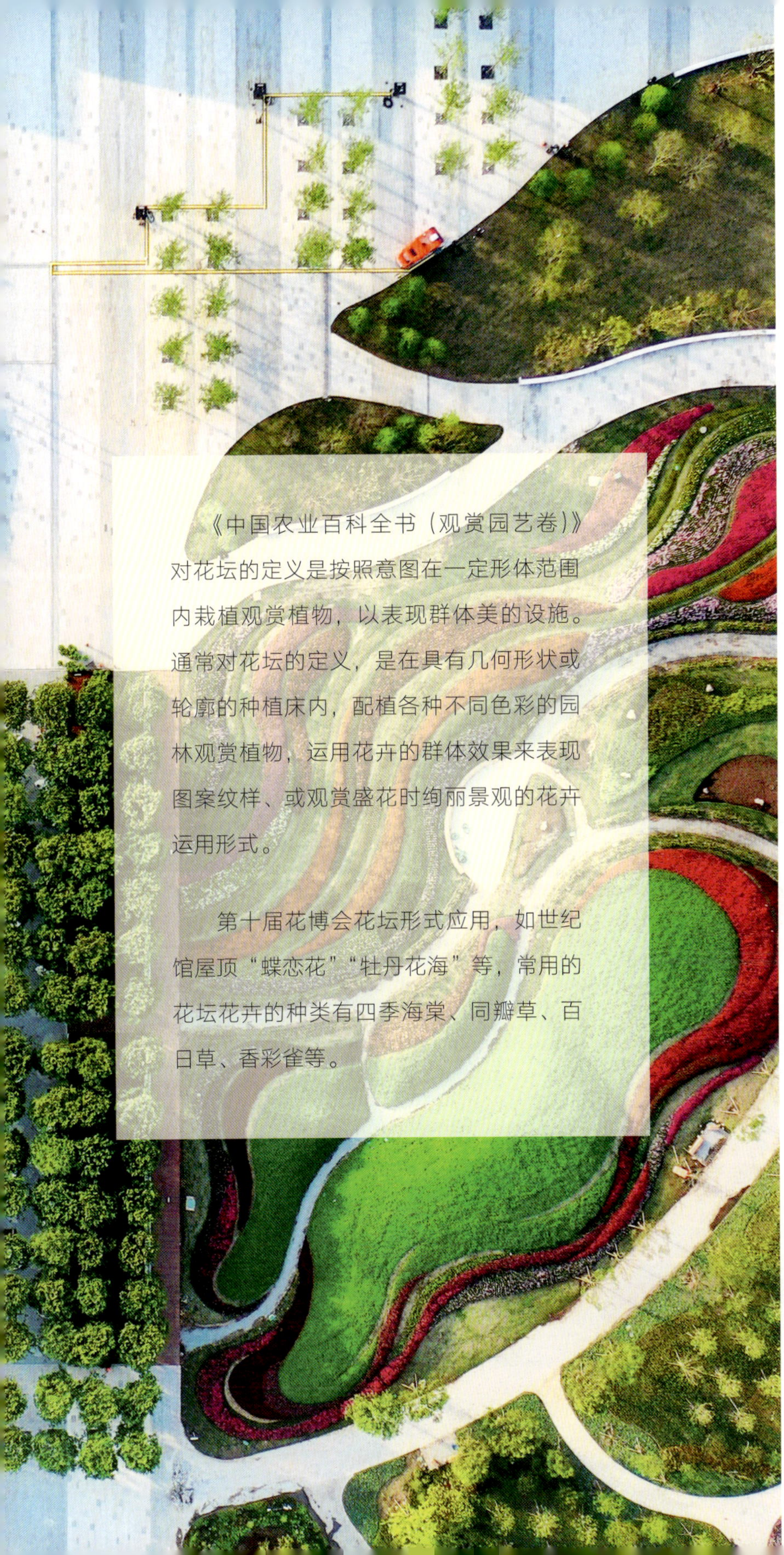

《中国农业百科全书（观赏园艺卷）》对花坛的定义是按照意图在一定形体范围内栽植观赏植物，以表现群体美的设施。通常对花坛的定义，是在具有几何形状或轮廓的种植床内，配植各种不同色彩的园林观赏植物，运用花卉的群体效果来表现图案纹样、或观赏盛花时绚丽景观的花卉运用形式。

第十届花博会花坛形式应用，如世纪馆屋顶“蝶恋花”“牡丹花海”等，常用的花坛花卉的种类有四季海棠、同瓣草、百日草、香彩雀等。

花坛“蝶恋花”

设计理念 ／ 以“蝶恋花”为主题，寄托破茧成蝶的寓意。覆土坡屋面在南向形成花坡，与全开敞的北立面形成“虚”与“实”的对比，流畅的曲线兼顾造型与使用空间的合理性，使世纪馆呈现出振翅欲飞的神态。

植物配置 ／ 四季海棠、同瓣草、香彩雀、百日草、美女樱等。

景观应用 ／ 适用于城市生活广场、公园等景观应用。

花坛“牡丹花海”

设计理念 ／ 模拟牡丹花内部结构和盛开时的形态，构建花海、花谷、花丘、花坡为一体的“牡丹花开”自然景观，形成梦幻般的游赏空间。

植物配置 ／ 醉蝶花、超级凤仙、美兰菊、芍药、树状月季等。

景观应用 ／ 适用于城市生活广场、公园等景观应用。

第二章 花境

花境是园林中一种较为特殊的种植方式，在形状不一的带状人工种植床上，将以多年生花卉为主的不同植物进行自然混交，层次上高低错落，花期上次第交错，形成步移景异的持久性植物景观，是在植物形态、质感、体量、色彩上达到自然和谐的一种园林植物造景形式。

第十届花博会公共区域花境以大量的新优宿根花卉、球根花卉、一二年生花卉和花灌木等形成丰富的花境景观效果。园区内共建设大小花境 311 个，包括主题花境 33 个，本文重点介绍其中 26 个主题花境。

花境“光明田园”

设计理念 ／ 主花境运用花艺立体雕塑营造海派特色石库门，配置圆锥形、球形苗木形成高低组合的植物组群。副花境运用花艺、花箱及园林造景组合手法，将众人熟知的大白兔奶糖、冰淇淋等以花艺表现手法有机融入景观中。营造创意独特、层次分明、色彩协调的田园景观。

植物配置 ／ 绣球、鹤望兰、金叶女贞、穗花牡荆、美人蕉、大麻叶泽兰、红朱蕉、矾根、澳洲狐尾、茶梅、‘金姬’小蜡、‘银边’花菖蒲、醉蝶花、紫花醉鱼草等。

景观应用 ／ 适用于主题活动，可根据展出的主题更换花艺雕塑，形成符合相应主题的景观。

1939

花境“魔法花园”

设计理念 ／ 以各种造型植物，组合搭配蓝紫色、粉色系多年生植物，用混合栽种法形成自然错落的花境，模仿自然植物群落分布，打造一个充满魔幻气息的现代魔法花园。游客置身其中，可以忘却一切烦恼，给予疲惫的心灵一片栖息的绿荫。

植物配置 ／ 小叶女贞、月季、川滇蜡树、金禾女贞、冬青、落新妇、百子莲、鼠尾草、福禄考、‘粉缎’婆婆纳等。

景观应用 ／ 适用于公园、城市道路绿化等公共绿地。

花境“桥”

设计理念 ／ 以一座漆成绿色的日本式拱形木桥和池塘为中心，结合周边大树与树丛，运用现实中莫奈花园所采用的布置手法，观赏花卉、多品种鸢尾和绣球组合环绕池塘，萱草及精心挑选的景石组团造景，形成花色各异又风格独特的花园，充分展现莫奈《日本桥》系列画作的花园特点。

植物配置 ／ 鸢尾、绣球、萱草、落新妇、鼠尾草、柳叶马鞭草等。

景观应用 ／ 适用于公园、植物园、城市公共绿地等。

花境“呼唤”

设计理念 ／ 以“科技园林”为理念，以“雨水收集、海绵城市”为主题，采用海绵城市建设手法，结合透水铺装、多层次土层结构、雨水罐等元素，展示雨水收集和利用方式。通过竹木结构，结合花卉布置及景石点缀，既可享受美丽城市花园，又可展示雨水循环模式的环保理念。

植物配置 ／ 狐尾百合、大花葱、鼠尾草等。

景观应用 ／ 适用于公园、城市公共绿地等。

花境“花野仙踪”

设计理念 ／ 以南方观叶、厚叶植物的特性及其他尖叶、花叶植物个体及群体之间相互作用的生物规律为基础，呈现植物个体的自然美和群体美，讲究节奏与韵律，自然而不失整齐，纷繁却不致凌乱，整体富有野趣。

植物配置 ／ 美丽针葵、散尾葵、鹤望兰、三角梅、龙血树、银叶金合欢、巴西铁、五彩千年木、红盖鳞毛蕨、矮蒲苇、熊猫堇、细茎针茅、火星花等。

景观应用 ／ 适用于公园、植物园、城市公共绿地等。

花境“花开海上”

设计理念 ／ 以各类海洋动物为观赏主线，结合蓝、白、紫色系花境植物，呈现观赏的立体感和空间感。宿根花卉与花灌木搭配，不同层次展现植物不同特性，实现观赏性和生态性并重效果。

植物配置 ／ 黄金枫、女贞、黄金枸骨、绣球、茶梅、蓝冰柏、冬青、地涌金莲、风车茉莉、莨力花、绣线菊、花叶美人蕉、金叶风箱果等。

景观应用 ／ 适用于主题展示，可根据展出的主题更换花艺雕塑，形成符合相应主题的景观。

花境“海洋奇缘”

设计理念 ／ 以各种多肉植物，打造一个多肉植物的“海洋”，鱼儿在水中游动，海龟悠闲地栖息在珊瑚中，以植物的色彩和质感，结合白色沙滩、珊瑚石等要素构建出一个梦幻的海底世界，给游客带来全新体验。

植物配置 ／ 景天、蓝冰麦、美洲龙舌兰、澳洲朱蕉、‘金边’龙舌兰、新西兰亚麻、‘黑法师’莲花掌、仙人掌、量天尺、‘玉蝶’等。

景观应用 ／ 适用于公园、城市公共绿地等。

花境“记忆留声机”

设计理念 ╱ 海派家具作为上海19世纪末20世纪初特殊时期的产物，是东西方文化高度碰撞形成的独有的家具艺术风格，展现了上海“海纳百川”的城市精神。景点收集了海派家具、家电，营造出老上海的生活场景，结合留声机传出的悠扬歌声，唤醒游客对于过往的记忆。

植物配置 ╱ 花叶美人蕉、蛇鞭菊、香石竹、穗花婆婆纳、香茶菜、红叶苋、银蒿、多花筋骨草、向日葵、毛地黄、大花飞燕草等。

景观应用 ╱ 适用于主题展示，可根据展出的主题更换花艺雕塑，形成符合相应主题的景观。

花境“人在画中游”

设计理念 ／ “舟行碧波上，人在画中游。”此花境以中式园林的手法，绘制一幅山水长卷。以白沙花溪模拟出一条蜿蜒曲折的溪流，卷轴装置结合假山苍松，勾勒出一幅山水画卷，与园林盛景交织呼应，使游客身临其境，如梦如幻。

植物配置 ／ 花叶美人蕉、蛇鞭菊、象耳芋、射干、欧石竹、香茶菜、赤胫散、红叶苋、银蒿、细叶美女樱、美国薄荷等。

景观应用 ／ 适用于公园、城市街头景观等。

花境“爱丽丝漫游仙境”

设计理念 ／ 以迪士尼动画故事为背景，爱丽丝在花园中沉沉睡去，突然看见一只西装革履、拿着怀表的兔子匆匆跑过自己身旁，好奇的爱丽丝连忙起身，尾随兔子来到一个到处都是门的大厅，由此坠入了神奇的童话世界，开始了漫长而惊险的旅行……

植物配置 ／ ‘雪球’冰生溲疏、矾根、‘钻石’月季、金雀花、小花木槿、朱槿、龙血树、火星花、花叶柳、龟甲冬青、‘金边’胡颓子等。

景观应用 ／ 适用于主题展示，可根据展出的主题更换花艺雕塑，形成符合相应主题的景观。

花境“追光画语”

设计理念 ／ 梵高的《星空》用夸张的手法，生动地描绘了充满运动和变化的星空。夜晚的天空高又远，大星、小星回旋于夜空，金黄的满月形成巨大的漩涡，星云的短线条纠结、盘旋，仿佛让人们看见时光的流逝。花境以各色保鲜花卉模拟油画笔触，拼出会呼吸的“星空”画面，使艺术与自然在这里融合。

植物配置 ／ 多花红千层、千层金、穗花牡荆、芙蓉葵、‘金叶’接骨木、连翘、粉花溲疏、绣球、金鱼草、金雀花、小花木槿、向日葵等。

景观应用 ／ 适用于公园、城市道路绿化、公共绿地等。

花境“莫奈花园”

设计理念 ／ 莫奈的《荷兰的郁金香花田》，描绘了浩瀚的花田，花朵和花枝随风摇曳，古老的风车守望着花田。花境表达了饱满的情绪与主观的视觉意象，游客可以在花田的风景中感悟出对人生岁月的思考与解读。

植物配置 ／ 蛇鞭菊、香石竹、银蒿、桔梗、毛地黄、飞燕草、羽扇豆、南非万寿菊、凤仙花、垂吊牵牛花、金叶薯、地肤等。

景观应用 ／ 适用于公园、城市道路绿化、公共绿地等。

花境“锦绣花开”

设计理念 ／ “花开四季，锦绣大地”，在绚丽阳光照耀下，一朵朵繁花似片片胭脂，洇染着锦绣大地，或淡雅闲适，或秀气端庄，或热烈奔放。花境展示了多个新优品种的朱顶红，繁花似锦，欣欣向荣。结合烟泡树及互动机械开合花共同营造出“锦绣花开”的意境。

植物配置 ／ 朱顶红系列、红枫、玫瑰、毛地黄等。

景观应用 ／ 适用于公园、植物园、城市公共绿地等。

滨水茶室
复兴馆
花创科技
世纪馆

花境“心动之旅”

设计理念 ／ 以百合为主要植物展示，百合有百年好合的寓意，象征着纯洁的爱情。花境中汇聚了多个百合新品种，游客在花香四溢的百合花海中，与恋人在爱心绿雕前牵手合影，搭上热气球，共同踏上这一场心动之旅。

植物配置 ／ 百合系列、薰衣草、黄金菊、‘红王子’锦带等。

景观应用 ／ 适用于公园、植物园、城市公共绿地等。

花境“诗经画卷”

设计理念 ／ “诗经画卷，在水一方”，用《诗经》中出现的植物打造水生植物为主的花境，还原《诗经》中的古风景观，与游客共赴一场“国风之宴”。在“诗经”书本装置中，鲜花缓缓“流”出，舞女在花海中翩翩起舞，“所谓伊人，在水一方”。

植物配置 ／ ‘小泉’鸢尾、‘深山吹’鸢尾、‘出羽之里’鸢尾、‘月夜野’鸢尾等。

景观应用 ／ 适用于公园、植物园、城市公共绿地等。

花境“最美逆行者”

设计理念 ／ 2020 年新冠肺炎疫情期间，支援湖北的医护人员中女性占到了 60%。错落的花门拼凑出护士的剪影，长寿花代表了女性医护人员的坚韧，红色代表了战疫胜利的决心，展现出属于女性的强大力量。

植物配置 ／ 长寿花、金鸡菊、超级鼠尾草、绣球、‘红巨人’朱蕉、羽毛枫、红枫、蓝雪花、新西兰亚麻、‘亮晶’女贞、绣线菊等。

景观应用 ／ 适用于主题展示，可根据展出的主题更换花艺雕塑，形成符合相应主题的景观。

花境“奋斗百年路”

设计理念 ／ 2021年是中国共产党百年华诞，“胸怀千秋伟业，恰是百年风华”。上海是中国共产党的诞生地，见证了中国共产党的发展历程。“奋斗百年路”用一卷长长的胶片，牵起一段百年奋斗的回忆，以“未来之眼”互动装置及照片墙展现了建党百年来中国的奋斗历程。

植物配置 ／ 棒棒糖‘亮晶’女贞、多头‘亮晶’女贞、象耳芋、芭蕉、芙蓉葵、芍药、蜀葵、一品红、彩叶草等。

景观应用 ／ 适用于主题展示，可根据展出的主题更换花艺雕塑，形成符合相应主题的景观。

奋斗百年路
启航新征程
2021

1951-1961
1961-1971

花境“启航新征程”

设计理念 / 启航新征程，扬帆向远方。通过“嫦娥奔月，圆梦广寒”“复兴号”“智联 5G，融创未来”“上海城市剪影”“爱心”等多组园林小品装置，展现中国航天、高铁、移动互联网等事业发展速度与高度，展望中国未来的发展。

植物配置 / ‘亮叶’朱蕉、多头‘亮晶’女贞、圆锥绣球、象耳芋、芭蕉、芙蓉葵、芍药、蜀葵、一品红、彩叶草等。

景观应用 / 适用于主题展示，可根据展出的主题更换花艺雕塑，形成符合相应主题的景观。

5G

花境“心灵花园”

设计理念 ／ 以植物打造可视、可触、可嗅、可听的体验疗愈花境，整体色调以浅色系为主，加上一些观叶植物，满足人们视觉体验的同时，兼顾触觉体验、嗅觉体验和植物撞击到“钢琴键”上产生的听觉体验，愉悦心情。

植物配置 ／ 绣球、美女樱、林荫鼠尾草系列、荆芥等。

景观应用 ／ 适用于公园、植物园、城市公共绿地等。

花境“大自然的密语”

设计理念 ／ 以飘带为主景，打造蓝紫色系英式花境，造型灌木搭配多年生宿根植物，将西方的花境与中国的蜜源植物碰撞，点缀玫瑰花小品，呈现出层次分明、色彩丰富的效果。

植物配置 ／ 西伯利亚鸢尾、天蓝鼠尾草、柳叶马鞭草、紫花随意草、蛇鞭菊等。

景观应用 ／ 适用于公园、植物园、城市公共绿地等。

花境“中华草木情”

设计理念 ／ 中医药护佑华夏子孙几千年，在救治新冠肺炎过程中发挥了重要作用。花境展现了中华民族战胜疫情的三个阶段：前景以头状花序及圆头高秆植物为主，配置蓝紫色为主的冷色调花卉；中景以药用芳香及白花植物布置；后景用绚丽多彩的花境表现战胜疫情后重归美好的生活。

植物配置 ／ 姜黄、牛至、前胡、补血草、分药花、蒲棒菊、蛇鞭菊、杭白芷、藿香、射干等。

景观应用 ／ 适用于公园、植物园、城市公共绿地等。

花境“黑猫警长”

设计理念 ／ 以“弘扬正能量”为主题，花境运用绿雕组合、绿雕大树等场景方式将各种花卉自然地搭配在一起，通过植物本身的造型气质特性，树立人民警察不惧危险、奋勇战斗的英雄形象。

植物配置 ／ 蓝花鼠尾草、细叶芒、‘金叶’石菖蒲、‘金森’女贞、银蒿、圆柏、‘金叶大花’六道木，金丝桃、地被石竹、山桃草、绣球等。

景观应用 ／ 适用于主题展示，可根据展出的主题更换花艺雕塑，形成符合相应主题的景观。

Black cat Sheriff

花境“卷珠帘”

设计理念 ／ 花境以画像、园林小品、镂空建筑为主要展示，搭配观花植物、小型灌木，将画融于自然，体现艺术与植物之美，给人轻松愉快的感受。

植物配置 ／ 大花海棠、水果蓝、绣球、金叶女贞、金边芒、鼠尾草、山桃草等。

景观应用 ／ 适用于主题展示，可根据展出的主题更换花艺雕塑，形成符合相应主题的景观。

SHANGHAI

花境“森林里的鸟巢”

设计理念 ／ 花境借用山石、水体、鸟巢、鸟类绿雕模型组成了一种鸟类的自然栖息环境，结合崇明生态岛建设，以保护鸟类为主题。花境形式布局以块状与自然式搭配组成。

植物配置 ／ 欧石竹、矮牵牛、一串红、白晶菊、美丽月见草等。

景观应用 ／ 适用于公园、城市公共绿地等。

花境“红船精神”

设计理念 ／ 景点以孤植、丛植方式将各种花卉自然搭配，通过植物本身自然美、色彩美、群体美结合“红船”，表达为中国特色社会主义事业奋斗终身的坚定信念，传承发扬红船精神，追忆革命英雄，不忘初心，继往开来。

植物配置 ／ 黑松、‘火焰’南天竹、花叶美人蕉、荷兰菊、‘金边’假连翘、西洋杜鹃、黄金柳、绣线菊、山桃草、醉鱼草、睡莲、再力花等。

景观应用 ／ 适用于公园、水景园、城市公共绿地等。

花境“鹿趣”

设计理念 ／ 花境以水景、山石、小鹿等组成溪边幽静的环境，以流水、山石、植物群落搭配，灵动的小动物，满足人们视觉体验，有一种仿佛漫步在小溪边的惬意感。

植物配置 ／ 鸢尾、芒草、石竹、美人蕉、山桃草、‘花叶’女贞等。

景观应用 ／ 适用于公园、水景园、城市公共绿地等。

第三章 专类园

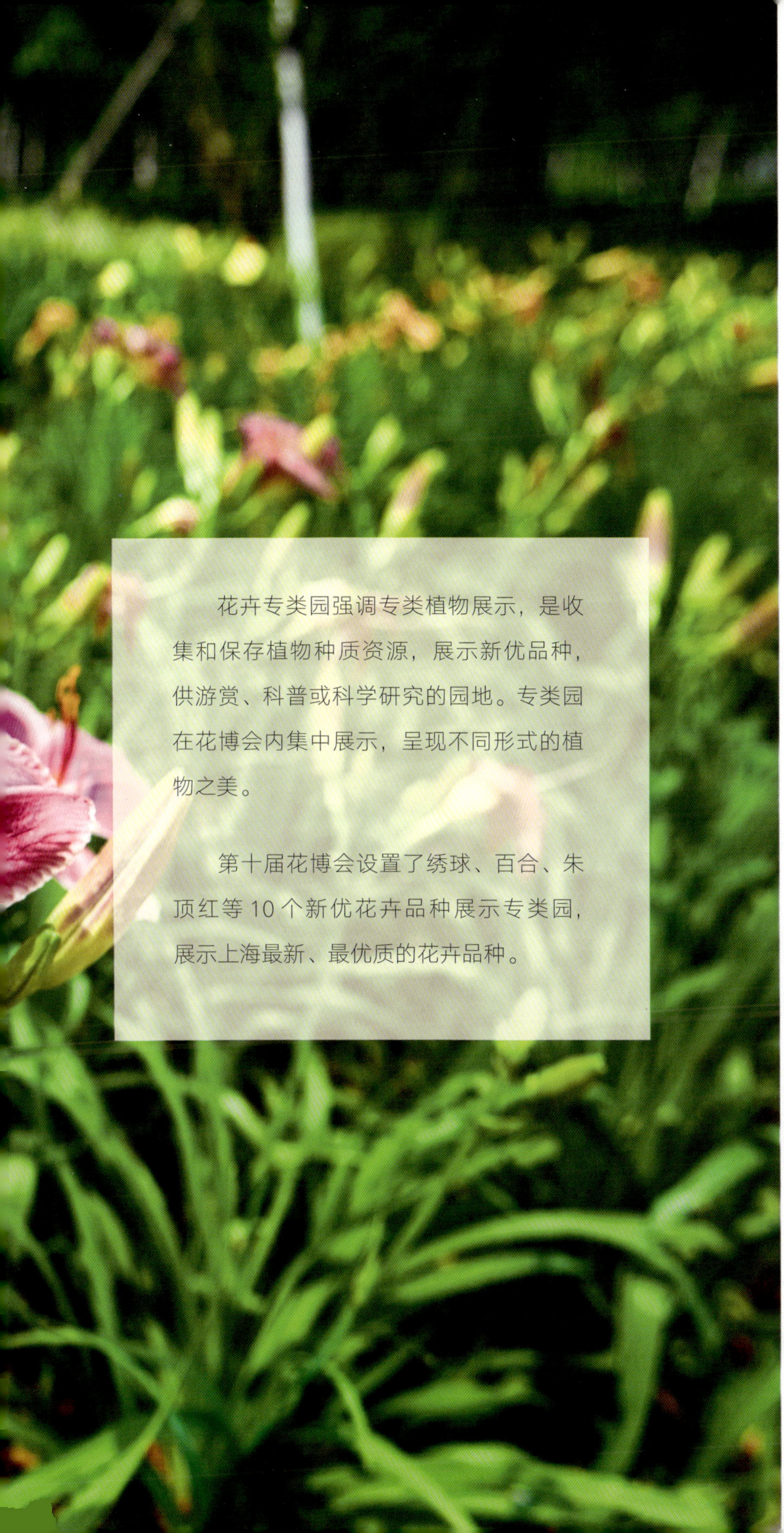

花卉专类园强调专类植物展示，是收集和保存植物种质资源，展示新优品种，供游赏、科普或科学研究的园地。专类园在花博会内集中展示，呈现不同形式的植物之美。

第十届花博会设置了绣球、百合、朱顶红等 10 个新优花卉品种展示专类园，展示上海最新、最优质的花卉品种。

绣球专类园

设计理念 ／ 通过多个绣球品种的景观配置，展现绣球新优品种在园林景观中的应用。

植物配置 ／ ‘贝拉’‘雪球’‘柏林粉’‘蓝色叙述者’‘草莓冰沙’等绣球品种。

景观应用 ／ 适用于公园、植物园、城市公共绿地等。

百合专类园

设计理念 ／ 通过亚洲百合、东方百合、铁炮百合、OT 百合、LA 百合等品种的景观配置，展现百合新优品种在园林景观中的应用效果。

植物配置 ／ ‘迷你阴影’‘迷你火箭’‘拉韦洛’‘伊迪萨’‘安吉拉’ 等百合品种。

景观应用 ／ 适用于公园、植物园、城市公共绿地等。

朱顶红专类园

设计理念 ／ 以孤植、丛植、片植等方式，展现朱顶红新优品种在园林景观中的应用效果。

植物配置 ／ ‘格瓦斯’‘本菲卡’‘粉色惊喜’‘双皇’‘仙女’等朱顶红品种。

景观应用 ／ 适用于公园、植物园、城市公共绿地等。

玉簪专类园

设计理念 ／ 通过不同叶形、叶色玉簪品种的景观配置，展现玉簪新优品种在园林景观中的应用。

植物配置 ／ ‘百老汇’‘卡林’‘河畔’‘春曦’‘安妮’等玉簪品种。

景观应用 ／ 适用于公园、植物园、城市公共绿地等。

萱草专类园

设计理念 ／ 以丛植、片植等方式配植多个萱草品种，展现萱草新优品种在园林景观中的应用。

植物配置 ／ ‘风暴’‘爵施蔻’‘隆戈橙’等萱草品种。

景观应用 ／ 适用于公园、植物园、城市公共绿地等。

月季专类园

设计理念 ／ 通过多个月季品种的景观配置，展现月季新优品种在园林景观中的应用效果。

植物配置 ／ ‘海蒂克拉姆’‘金边玫瑰’‘阿拉伯’‘巴比伦皇后’‘巴洛克’等月季品种。

景观应用 ／ 适用于公园、植物园、城市公共绿地等。

铁线莲专类园

设计理念 ／ 以丛植、片植等方式配植多个铁线莲品种，展现铁线莲新优品种在园林景观中的应用效果。

植物配置 ／ ‘紫罗兰之星’‘爱莎’‘哥白尼’‘粉香槟’‘戴安娜公主’等铁线莲品种。

景观应用 ／ 适用于公园、植物园、城市公共绿地等。

鸢尾专类园

设计理念 ／ 在坡地配植不同颜色、花型的鸢尾品种，展现鸢尾新优品种在园林景观中的应用。

植物配置 ／ ‘八丘’‘诙谐’‘长生殿’‘青鸟’‘红梅植熏’等鸢尾品种。

景观应用 ／ 适用于公园、植物园、城市公共绿地等。

香草专类园

设计理念 ／ 通过百里香、迷迭香、香蜂花、薰衣草等植物的景观配置，展现芳香植物在园林景观中的应用效果。

植物配置 ／ ‘金边柠檬’百里香、‘艾伦’银香菊、‘甜’薰衣草、阔叶薰衣草、意大利蜡菊等芳香植物。

景观应用 ／ 适用于公园、植物园、城市公共绿地等。

芍药专类园

设计理念 ／ 在坡地上配植多种花色、花型的芍药，展现芍药新优品种在园林景观中的应用。

植物配置 ／ ‘沙拉伯恩哈特’‘弗莱明博士’‘夏威夷珊瑚粉’‘闪亮金丝雀’等芍药品种。

景观应用 ／ 适用于公园、植物园、城市公共绿地等。

第四章

其他花卉应用

花甸

花甸又称野花草甸、草甸型景观，是通过一二年生、多年生野生草本花卉筛选搭配、混合播种建立的一种模拟自然景观，并具有良好观赏效果的种植形式。

设计理念 ／ 设计形成以花卉、草本为主的自然景观，应用几何栽植与撒播混合的方式，通过运用马鞭草、千日红等多种草本花卉的景观配置，模拟花卉在自然环境中的生长状态。

植物配置 ／ 细叶马鞭草、千日红、蛇鞭菊、毛地黄钓钟柳等。

景观应用 ／ 适用于公园、植物园等。

花箱

花箱是种植花卉、绿植的箱状容器，又称可移动的迷你小花园，是单一植物或多种花卉搭配后栽植在同一容器内，展现花卉的景观效果、美化环境的种植形式。

设计理念 ／ 在容器中配植新几内亚凤仙、朱蕉等花卉，展现花卉的创意组合，美化道路。同时花箱也可以根据需求进行移动。

植物配置 ／ 新几内亚凤仙、朱蕉等。

景观应用 ／ 适用于道路绿化、城市绿化、公共绿地等。

花球

花球是圆球造型的立体花卉景观产品，由盆栽鲜花植物组合而成，具有丰富景观色彩和层次的作用，安装简单，可以实现短时间造景。

设计理念 ／ 由盆栽舞春花组合形成花球，与地面的百日菊配植，形成色彩艳丽、立面丰富的街心绿化景观。

植物配置 ／ 舞春花、百日菊等。

景观应用 ／ 适用于公园、植物园、城市公共绿地等。

岩石园

岩石园是指以高山、岩生植物为观赏主体，模拟陡坡悬崖、高山植被、峰峦溪流等自然景观的专类园。设计上通常结合地形选择适当的岩生、水生植物，通过合理的构筑与配置，展现高山草甸、牧场、碎石陡坡、峰峦溪流等自然景观。

设计理念 ／ 结合地形配置岩石等构筑物，并配植多种植物，展现峰峦溪流的自然景观。

植物配置 ／ 细叶美女樱、鸢尾、玉簪等。

景观应用 ／ 适用于公园、植物园等。

立体绿化

立体绿化是指利用不同的立地条件，选择攀缘植物及其他植物栽植并依附或者铺贴于各种构筑物及其他空间结构上的绿化方式，包括垂直绿化、屋顶绿化、树围绿化、护坡绿化、高架绿化等。

设计理念 ／ 以构筑物表面为载体，种植绣球、舞春花等植物，结合文字、构筑物等，形成立面景观图案，展示第十届花博会会徽。

植物配置 ／ 绣球、舞春花等。

景观应用 ／ 适用于公园、道路、公共绿地、广场等。

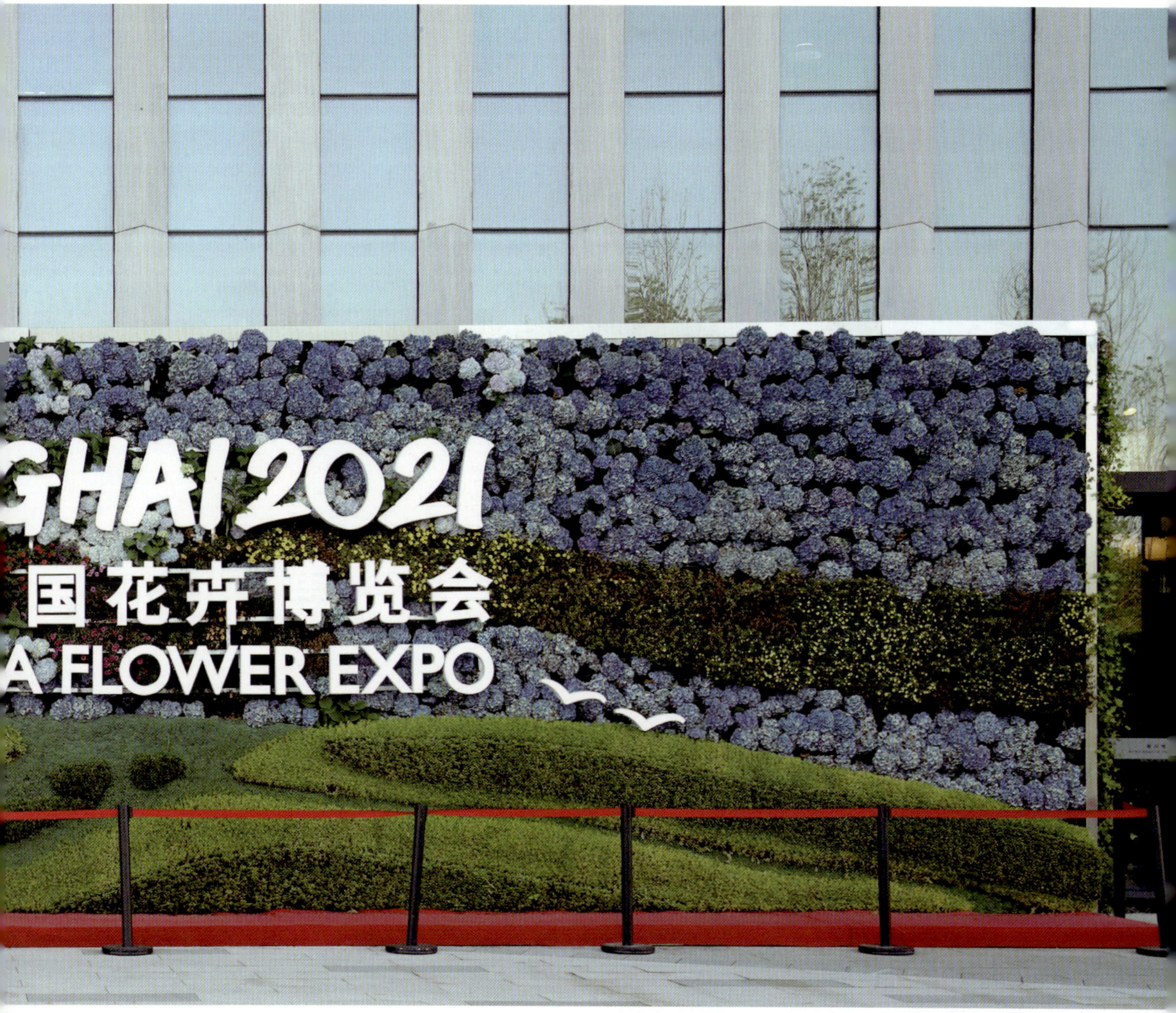

第五章

花博园美景图集

“牡丹花海”花坛俯瞰图

花艺馆

园区局部

“蝶恋花”花坛北立面

“蝶恋花”花坛

“牡丹花海”花坛

花艺馆后侧花境

“心灵花园”花境

复兴馆右侧“大白兔”花坛

花博园西入口花境

花博园北入口景观

花舞双桥

复兴馆右侧花境

复兴馆右侧花境

复兴馆东侧花境

花艺馆东侧花境

宁夏园南侧花境

宁夏园南侧花境

新疆园南侧花境

西南拓展区花境

西南拓展区花境细节

西南拓展区花境细节

百花馆右侧观赏草

百花馆右侧观赏草

国内展区花境

国内展区花境细节

国内展区花境细节

国内展区花境细节

湿生植物

湿生植物

国际及企业展区北入口花境

国际及企业展区北入口花境细节

国际及企业展区北入口花境细节

“花野仙踪”北侧花境局部

“花野仙踪”北侧花境

国际及企业展区东入口花境

国际及企业展区北入口花境细节

国际及企业展区东入口花境细节

国际及企业展区东入口花境细节

花艺馆西南侧花境

花艺馆西南侧花境细节

花艺馆西南侧花境细节

花艺馆后侧花境

花艺馆后侧花境细节

滨水茶室旁花境

滨水茶室旁花境细节

滨水茶室旁花境细节

西南拓展区花境

西南拓展区花境细节

西南拓展区花境细节

西南拓展区花境细节

西南拓展区花境细节

西南拓展区花境细节

西南拓展区花境细节

玉兰园南侧花境

玉兰园南侧花境细节

玉兰园南侧花境细节

水上森林西南侧花境

水上森林西南侧花境细节

复兴馆北侧花境

绣球专类园

绣球专类园

绣球应用

绣球应用

百合专类园

百合专类园

百合应用

百合应用

朱顶红专类园

朱顶红专类园

玉簪专类园

玉簪专类园

萱草专类园

萱草专类园

月季专类园

月季专类园

铁线莲专类园

铁线莲专类园

鸢尾专类园

香草专类园

“牡丹花海”花坛局部景观

斑块花甸

绯色云汀花甸

绯色云汀花甸

“小镇花房”景观

阴生植物

西南拓展区花境

百花馆北侧花甸

参考文献

包满珠，2011. 花卉学 [M].3 版 . 北京：中国农业出版社 .

蔡友铭，胡永红，2022. 上海新花卉 [M]. 上海：上海科学技术出版社 .

杨娟，池坚，叶志琴，等，2021. 第十届中国花卉博览会花卉选择与花境设计 [J]. 园林，38(7): 10-16.

中国农业百科全书总编辑委员会观赏园艺卷编辑委员会，中国农业百科全书编辑部，1996. 中国农业百科全书：观赏园艺卷 [M]. 北京：中国农业出版社 .

周厚高，李金玉，何培磊，等，2020. 花境植物景观 [M]. 南京：江苏凤凰科学技术出版社 .